DÉPARTEMENT DES BOUCH[ES-DU-RHÔNE]

CHAMBRE CONSULTATIVE

D'AGRICULTURE

De l'Arrondissement d'Aix.

SESSION DE 1860

Délibérations.

AIX

IMPRIMERIE REMONDET-AUBIN, SUR-LE-COURS, 55.

1861

CHAMBRE CONSULTATIVE

D'AGRICULTURE

De l'Arrondissement d'Aix.

SESSION DE 1860.

Délibérations.

AIX
IMPRIMERIE REMONDET-AUBIN, SUR LE COURS, 53.

1861

CHAMBRE CONSULTATIVE

D'AGRICULTURE

DE L'ARRONDISSEMENT D'AIX (Bouches-du-Rhône)

SESSION DE 1860.

Séance du 25 Juin.

La Chambre Consultative d'Agriculture de l'arrondissement d'Aix a ouvert sa session ordinaire de 1860 le 25 juin, conformément à l'arrêté de M. le Préfet des Bouches-du-Rhône, en date du 30 mai précédent.

Présents :

MM. DELMAS, Sous-Préfet, Président ;
De SAPORTA,
BERNARD,
FURET,
De BEC,
REYNAUD de FONVERT,
et BARTHÉLEMY, Secrétaire, nommé en cette qualité par arrêté de M. le Sous-Préfet en date du 13 juin courant.

I. — Nomination des Membres de la Chambre d'Agriculture; Prestation de Serment.

En premier lieu, il est donné lecture de l'arrêté du 2 de ce mois, par lequel M. le Préfet des Bouches-du-Rhône a nommé membres de la Chambre Consultative pour 1860, 1861 et 1862 :

Canton sud d'Aix, MM. DE SAPORTA, membre sortant ;
Canton de Lambesc,   DE BEC,   id.
Canton de Salon,   DE FLORANS,   id.

Et pour l'année 1860 :

Canton de Peyrolles, M. REYNAUD DE FONVERT, en remplacement de M. BARRÈME, décédé.

M. le Président invite MM. de Saporta, de Bec et Reynaud de Fonvert, présents, à prêter le serment prescrit par la Constitution et modifié par le sénatus-consulte du 25 décembre 1852. A cet effet, il leur donne lecture de la formule du serment ainsi conçue :

« Je jure obéissance à la Constitution et fidélité à l'Empereur. »

MM. de Saporta, de Bec et Reynaud de Fonvert, debout et la main droite levée, ont répondu : « Je le jure. »

Acte de ce serment a été donné à MM. de Saporta, de Bec et Reynaud de Fonvert, qui ont été déclarés installés dans leurs fonctions.

II. — Nomination d'un Vice-Président.

En second lieu, il a été procédé à la nomination d'un vice-président.

M. de Bec a été élu à l'unanimité des suffrages.

III. — Budget de 1861.

M. le Président invite la Chambre d'Agriculture à procéder à la proposition de son budget pour l'exercice 1861.

La Chambre propose d'établir son budget de la même manière que ceux des exercices antérieurs, savoir :

Indemnité au secrétaire de la Chambre. .   200 fr.

Frais d'impression et achat de publications
et ouvrages d'agriculture.   140

Frais de bureau.   10

Total. . . . .   350 fr.

IV. — Produit et état des Récoltes.

Réponses aux questions posées par le programme.

QUESTION. — Quel a été, d'une manière générale, pour l'arrondissement, le résultat de la dernière récolte et quelles espérances peut-on concevoir pour celle qui est prochaine?

Réponse. — La récolte de l'année dernière a été, pour les céréales, au-dessous de celles des années moyennes. La vigne n'a pas donné des produits abondants; néanmoins, les prix de vente ont compensé ce défaut de quantité et ont amené de bons résultats. La récolte d'olives a été moyenne, mais de bonne qualité et à de bons prix. La récolte d'amandes a été satisfaisante; les cours se sont maintenus dans de justes limites. La récolte de fourrages a été médiocre.

Les espérances sont très belles pour les céréales de cette année; il en serait de même de la vigne si l'oïdium ne s'était manifesté dans quelques cantons. La floraison des oliviers s'est accomplie dans d'excellentes conditions. Les amandiers ont été, en majeure partie, atteints par les gelées du printemps; on ne compte que sur une récolte fort restreinte.

V. — Vignes et Sériciculture.

Question. — Quelle est la situation de l'arrondissement au point de vue de la maladie de la vigne et de la maladie des vers à soie?

A l'exception du centre de la vallée de la Durance et d'une notable portion du canton de Trets, qui, dans les années les plus calamiteuses, ont toujours été à peu près complétement à l'abri de l'oïdium, le reste de l'arrondissement se trouve dans la même situation que les années précédentes, et, malgré la belle apparence de la vigne, la maladie se montre sur plusieurs points.

Pour les vers à soie, la maladie qui s'était manifestée pendant les dernières années sur les vers provenant soit de graines du pays soit de graines étrangères, a fatalement persisté. La plupart des éducations ont échoué. Toutefois, il paraît constant que l'emploi des graines qui ont obtenu de bons numéros dans l'établissement d'essai préalable de MM. Jouve, Chabaud et Méritan, de Cavaillon, établissement que la Chambre d'Agriculture avait recommandé dans sa session de 1859, a donné des résultats très favorables.

VI. — Elargissement des Sentiers ou Viols.

QUESTION. — D'après les usages locaux, le sentier ou *viol* dû à un propriétaire sur le fonds intermédiaire, pour l'exploitation de son propre fonds, doit avoir une largeur de 1ᵐ 25ᶜ, y compris les bords, à moins de titre ou possession contraire. Une telle voie ne peut suffire qu'aux piétons et aux bêtes de somme. Ne conviendrait-il pas qu'elle pût, à la demande du propriétaire intéressé et moyennant indemnité au propriétaire du fonds traversé, être portée à 3^m, pour pouvoir donner passage à une charrette ? En cas d'affirmative, de quelle manière pourrait être légalement établi ce surcroît de servitudes ?

Réponse. — Les sentiers ou viols d'une largeur de $1^m 25$ étaient autrefois suffisants pour l'exploitation des propriétés rurales ; mais aujourd'hui, en l'état de l'augmentation et de l'amélioration notable des voies publiques, ainsi que de la substitution des charrettes aux bêtes de somme pour les transports de l'agriculture, les fonds qui ne peuvent communiquer avec la voie publique que par de simples sentiers sont privés des avantages que présente le bon état actuel et à peu près général de la voirie.

Toutefois, quelques membres de la Chambre Consultative font observer qu'il paraît exorbitant et contraire aux intérêts de l'agriculture de consacrer ainsi une nouvelle extension des servitudes dont les fonds sont déjà susceptibles, contre le gré des propriétaires (par exemple en cas d'enclave, d'irrigation, de drainage), et d'augmenter la superficie des terrains condamnés à demeurer à l'état inculte.

Après mûre délibération ;

La Chambre Consultative,

Considérant que la question posée n'a pas trait à la création de chemins sur des points où il n'en existe pas, mais seulement à l'élargissement de voies déjà établies ; qu'en portant la largeur des sentiers de $1^m 25$ à 2^m quand il n'y a sur les bords ni murs ni haie, et à $2^m 50$ ou 3^m suivant que ces obstacles se trouvent d'un seul ou des deux côtés, ainsi que l'usage en existe dans la majeure partie de la Provence, on peut arriver à concilier tous les intérêts ; que cet agrandissement est suffisant pour le passage des charrettes, et que, devant se borner, dans la majorité des cas, à $0^m 75$, l'étendue des terrains enlevés à la culture serait, en définitive, peu considérable ; que cet inconvénient serait, du reste, amplement compensé, au point de vue de l'intérêt agricole, par le développement que cette extension de la viabilité donnerait à l'exploitation d'un certain nombre de fonds ;

Considérant, néanmoins, que la faculté dont il s'agit ne doit être accordée que dans de justes limites et seulement dans le but de favoriser la culture des propriétés de quelque importance ;

Considérant que le système de la loi de 1845 sur les irrigations paraît être le moyen le plus simple et le plus équitable pour l'établissement légal de ce surcroît de servitude ;

Est d'avis, à la majorité, qu'il y a lieu :

1° De demander qu'une mesure législative permette au propriétaire, usager d'un simple sentier, d'exiger, moyennant indemnité, que cette voie soit portée à 2^m, $2^m 50$ ou 3^m de largeur, suivant les distinctions posées ci-dessus, à condition que ce droit soit réservé aux fonds d'une certaine valeur et d'un hectare au moins de contenance ;

2° D'appliquer à ce cas, à défaut de transaction amiable, le système adopté par la loi de 1845 sur les irrigations.

——————

VII. — Concessions d'eau ; Étiage.

QUESTION. — Les concessions d'eau tirée du domaine public sont réglées d'après le plus bas étiage des fleuves et rivières. Y aurait-il bénéfice pour l'agriculture à prendre la règle de concession dans le volume fourni par les eaux moyennes ?

RÉPONSE. — A l'unanimité, la Chambre d'Agriculture, après mûre discussion, se range à l'avis suivant, proposé par M. Bernard :

L'intérêt de l'agriculture paraît exiger que l'on continue à régler les concessions d'eau tirée du domaine public d'après le plus bas étiage des fleuves et rivières et non d'après le volume fourni par les eaux moyennes.

Notre climat est si sec pendant l'été, les plantes qui ont été une fois arrosées sont si impressionnables à la sécheresse, qu'il y aurait inconvénient très grave à exposer les canaux à manquer d'eau pendant la saison des arrosages ; les dommages qui en résulteraient seraient très considérables.

Toutes les eaux calculées au plus bas étiage ne sont pas utilisées ; il n'y a pas encore à se préoccuper du refus que l'on pourra faire de concessions nouvelles. Les canaux s'établissent à si grands frais, les territoires traversés sont si lents à convertir leurs cultures et à utiliser les eaux qui viennent les fertiliser, qu'on doit craindre de jeter de nouvelles causes de discrédit en faisant planer avec fondement sur les canaux des craintes de discontinuité d'arrosage.

Il convient plutôt de tirer parti de toutes les ressources offertes à l'agriculture par nos fleuves et rivières, en ne permettant pas que des eaux soient prises dans des rivières pauvres pour arroser des terres qui pourraient être aussi facilement desservies par des cours d'eau plus riches qui roulent à la mer un volume considérable qui ne sera jamais utilisé.

Ce ne pourrait être qu'alors que toutes ces ressources seraient employées, qu'il conviendrait de concéder les eaux existant entre le bas étiage et les eaux moyennes. Mais dans ce cas les concessions antérieures devraient être formellement réservées et les populations averties que les concessions nouvelles sont précaires et ne doivent être utilisées qu'avec une sage prudence, pour éviter des mécomptes.

VIII. — Obligation du Livret pour les Ouvriers Agricoles.

QUESTION. — Quelle est l'opinion des Chambres d'Agriculture sur la convenance de soumettre les ouvriers agricoles à l'obligation de se munir d'un livret analogue à celui que la loi de 1854 a rendu obligatoire pour les divers agents de l'industrie ?

RÉPONSE. — Un membre fait observer que cette mesure serait d'un grand intérêt pour l'agriculture ; en effet, dit-il, les ouvriers agricoles, domestiques de ferme et tous les agents subalternes qui se louent pour la culture des terres ne se font aucun scrupule de manquer à leurs engagements et de rompre un marché consenti pour se louer ailleurs et chercher un salaire plus élevé; souvent laissés à eux-mêmes par la force des choses,

ils ne donnent qu'un travail très incomplet et fort irré-
gulier ; ils sont insolents, de mauvaise foi ; ils ne sup-
portent aucune observation ; ils abusent de la nécessité
à laquelle se trouve réduit le fermier de traiter avec
eux. Il résulte de là que le succès d'une exploitation,
la bonne fin des récoltes, la prudence de l'économie
rurale, tout est livré à leur merci, et que le fermier ou
le propriétaire est, en définitive, toujours sous la me-
nace de voir ses travaux abandonnés au moment de
leur plus grande urgence, après avoir nourri et payé
ses agents agricoles durant la saison mauvaise. Il serait
donc vivement à désirer, ajoute-t-il, qu'un remède fût
apporté à une situation aussi déplorable ; l'obligation
du livret paraît suffisante pour atteindre ce but ; cette
mesure serait également favorable à l'ouvrier agricole
et au propriétaire ou fermier, car le livret, témoignant
de la moralité du premier, assurerait son placement
lorsqu'il est réellement méritant et donnerait aux se-
conds les moyens de suppléer à l'insuffisance des bras
en accueillant les demandes de services d'ouvriers
inconnus et nomades, sans s'exposer à des déceptions
malheureusement trop fréquentes.

Un autre membre fait observer que si le livret de
l'agent agricole doit être régi par les mêmes disposi-
tions que celui de l'ouvrier industriel, il ne pourra
donner au propriétaire ou fermier toutes les garanties

qu'on pourrait en attendre ; qu'en effet, aux termes de la loi du 22 juin 1854, lorsque le patron cesse d'employer l'ouvrier, il doit inscrire sur le livret l'acquit des engagements, *sans aucune autre énonciation*, ce qui exclut toute mention relative à la moralité et à la bonne foi.

Un autre membre répond à cette objection que, même avec une telle restriction, 'e livret de l'ouvrier agricole offrirait encore des renseignements fort utiles à consulter ; que, soit sur le vu de l'acquit des engagements, soit par l'examen du temps passé dans chaque ferme, soit enfin par la comparaison des époques d'entrée et de sortie, l'on pourrait se faire une idée assez juste de la moralité et surtout de la bonne foi de l'agent agricole.

En conséquence, la Chambre Consultative d'Agriculture exprime le vœu que les ouvriers agricoles soient soumis à l'obligation de se munir d'un livret.

IX. — Exportation du Tourteau.

Sur la proposition de M. de Bec, vice-président,

La Chambre d'Agriculture

Emet le vœu que, moyennant un droit de sortie suffisamment élevé, le gouvernement prohibe l'exportation des tourteaux de graines oléagineuses, qui sont devenus une nécessité et le seul moyen de fertilisation pour notre agriculture du Midi, dans laquelle ces produits trouvent un débouché certain et rémunérateur.

X. — Destruction des Oiseaux.

Sur la proposition d'un de ses membres,

La Chambre d'Agriculture,

Considérant que la pullulation des chenilles et des insectes nuisibles à l'agriculture se manifeste en même temps que s'opère de plus en plus la destruction des oiseaux ;

Se référant, du reste, aux observations qu'elle a présentées à ce sujet dans sa session de 1858,

Renouvelle le vœu que l'administration préfectorale use des moyens que la loi met en son pouvoir pour restreindre la chasse aux oiseaux dans des limites qui ne soient pas contraires aux intérêts agricoles.

XI. — Notice sur la Mouche de l'Olivier.

Avis sur la Notice publiée par M. Norbert Bonafous, professeur à la Faculté des lettres d'Aix, propriétaire à Salon, sur le *Dacus oleæ*, vulgairement connu sous le nom de mouche de l'olivier, et sur les moyens de détruire cet insecte malfaisant.

La Chambre d'Agriculture, après avoir pris connaissance de cette notice, et après avoir entendu le rapport de M. de Bec, vice-président, est d'avis, à l'unanimité, de formuler l'avis suivant :

D'après les observations recueillies par M. Norbert Bonafous, la presque totalité des mouches qui piquent l'olivier pour y déposer leurs œufs nous vient de la Rivière de Gênes et de l'arrondissement de Grasse ; cette invasion, qui a lieu périodiquement tous les deux ans en Provence, et qui porte une grave atteinte à la quantité et à la qualité des produits de l'olivier (perte estimée en moyenne à cinq millions pour chaque année d'invasion), provient de ce que, dans le rivière de Gênes et dans l'arrondissement de Grasse, on a contracté l'habitude de tailler simultanément tous les oliviers de deux en deux ans. Cet usage a pris naissance vers 1828, époque qui coïncide avec celle de la première invasion du fléau de la Provence ; il produit forcément, de deux années l'une, une récolte excessive qui ne peut être terminée avant le mois de juin. Cette circonstance favorise à un très haut degré la multiplication de l'insecte. En effet, le *dacus* se conservant à l'état d'œuf et de chrysalide dans les olives pendantes sur les arbres durant les mois d'hiver, se développe dès le commencement du printemps, passe à l'état d'insecte parfait, se reproduit rapidement, pullule à l'infini et envahit la Provence aussitôt que les olives commencent à s'y montrer.

Il n'en serait pas ainsi, d'après l'auteur de la notice, si des règlements fixaient, dans la rivière de Gênes et dans l'arrondissement de Grasse, la clôture de la cueillette et de la trituration des olives au commencement du printemps.

En détruisant ainsi le *dacus* dans son germe on s'opposerait à sa multiplication si prompte.

En conséquence, M. Bonafous propose que : « par une convention intervenue entre les deux Etats de France et de Sardaigne, il soit fait, dans les deux pays, un règlement de police rurale qui fixe au 1er avril la clôture définitive de la cueillette et de la trituration des olives. »

Tout en rendant hommage à la sagacité avec laquelle M. Bonafous a recueilli et rapproché ses observations et les expériences qui ont été faites sur ce sujet, la Chambre d'Agriculture ne peut s'empêcher de remarquer que ses conclusions ne tendent à rien moins qu'à faire intervenir deux gouvernements pour *imposer réglementairement* à une contrée entière une modification dans une de ses cultures.

C'est là une conséquence très grave et pouvant présenter certains dangers ; aussi la Chambre d'Agriculture pense-t-elle que ce n'est qu'en pleine connaissance de cause et avec toute certitude d'obtenir les résultats désirés, que l'on pourrait restreindre ainsi la liberté qui appartient, en principe, à tout propriétaire ou fermier de diriger son exploitation à son gré. Quelque intéressantes que soient les études de M. Bonafous, il semble indispensable de se livrer préalablement à d'autres investigations et de puiser des renseignements à des sources diverses.

En ce qui la concerne, la Chambre d'Agriculture, n'ayant été saisie qu'aujourd'hui de cette importante question, ne croit pas pouvoir, à la suite d'une simple lecture de la notice, donner son avis sur le mérite des opinions et de la proposition qu'elle renferme.

XII. — Canal du Verdon.

La Chambre d'Agriculture,

Considérant que la création des canaux d'irrigation est le plus pressant besoin de l'agriculture de nos contrées,

Se référant aux délibérations qu'elle a prises sur ce sujet, dans toutes ses sessions,

Emet de nouveau, à l'unanimité, le vœu que le gouvernement veuille bien hâter, par tous les moyens en son pouvoir, la réalisation du projet du canal du Verdon.

Délibéré à Aix, le 25 Juin 1860.

Le Président,
A. DELMAS.

Le Secrétaire,
BARTHELEMY.

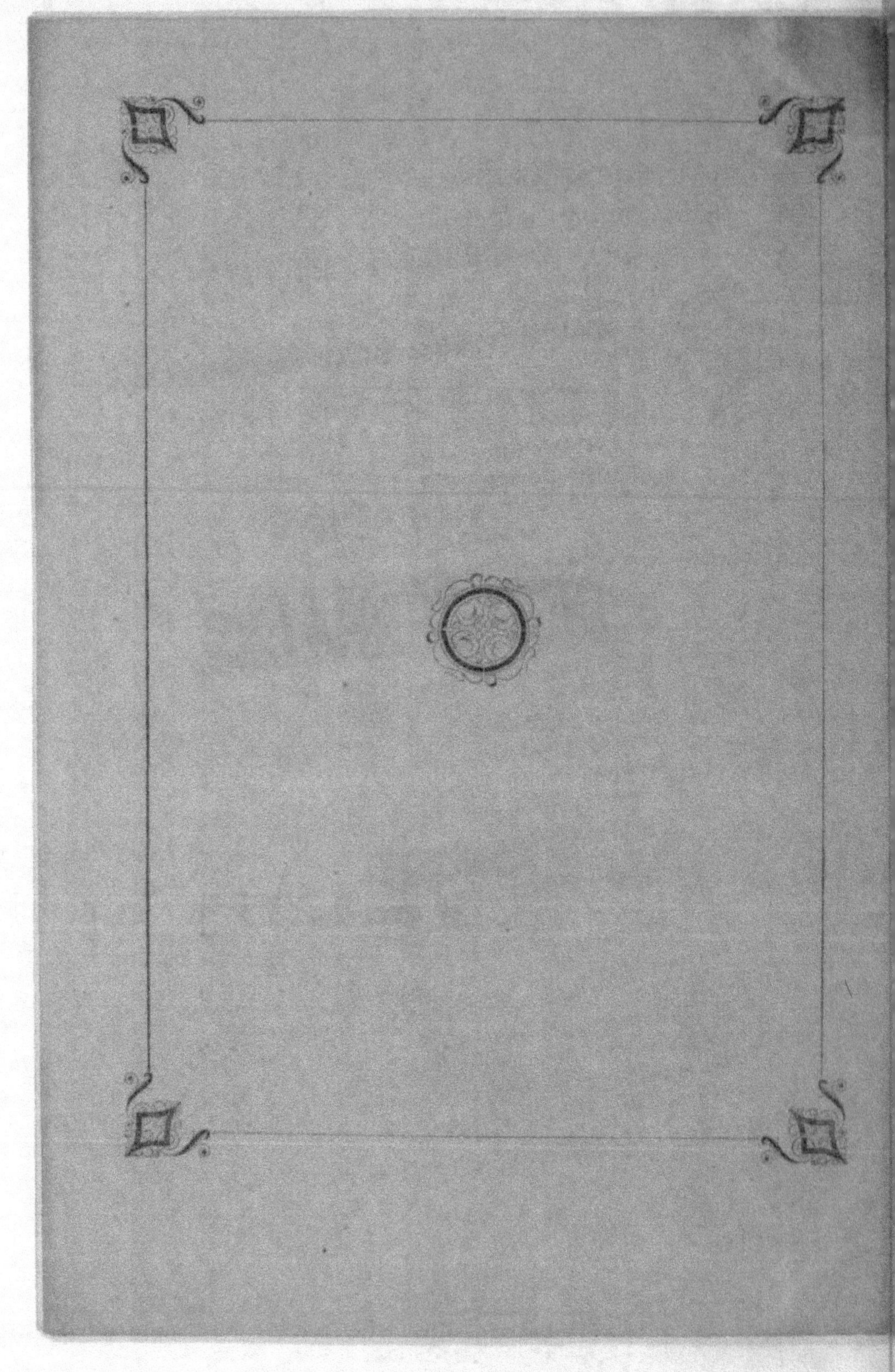